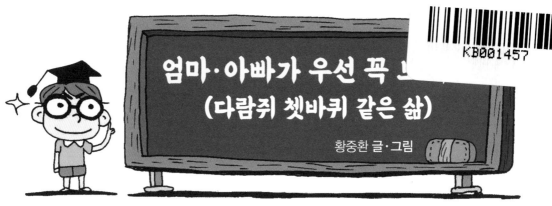

엄마·아빠가 우선 꼭 ...
(다람쥐 쳇바퀴 같은 삶)

황중환 글·그림

아기가 태어나…

기고…

걷고…

뛰어놀다…

학교에 가고…

시험을 보고…

공부를 하고…

아빠?

또 열심히 입사시험 준비해서 안정된 직장에 취직했고…

여우 같은 애인과 뜨거운 열애 끝에 결혼을 하고…

얼마 뒤, 자신을 닮은 2세를 낳고…

더욱 힘내서 열심히 직장을 다니고…

아이는 어느새 자라, 학교를 다니고…

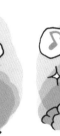

어렵사리 집장만 하고…

대출금 갚고… 가족들 먹여 살리느라 어린시절 꿈은 잊은 지 오래…

성실하고 고분고분한 직장인으로 열심히 생활하던 어느 날…

아빠?

공부를 꼭 해야 돼요?

그럼!! 열심히 공부해서 좋은 대학 가고 좋은 직장 들어가야지!

그…그렇게 하면 부자가 되는 건가요?

그럼!

머니 수학 2과정인 "지폐 세기, 물건값 계산하기"는
기초적인 돈 사용 훈련을 통해서 암산력과 계산력 등
연산 능력을 길러 줍니다.
또, 물건값을 치르고 거스름돈을 받는 학습을 통해서
덧셈과 뺄셈 등을 하게 되어 자연스럽게 수학적인 사고력을 키워
수학에 자신감을 갖게 해 줍니다.
스스로 돈을 세고 직접 물건을 사 보는 재미있는 경제 학습 ──
지금 시작됩니다.

학교에서 가르쳐 주지 않는 —

머니 수학

- 지폐 세기 ①
- 1000원으로 물건값 계산하기

2과정

기초부터 탄탄하게
G 기탄출판

선진국에서는 필수인 어린이 경제 교육-
'돈'을 알아야 올바른 경제관념이 형성됩니다!

요즘 아이들은 어려서부터 수학, 국어, 영어와 같은 교과 학습을 많이 시작합니다. 그러나 정작 실생활에 가장 필요한 돈을 세고 물건값을 계산하는 학습은 이루어지지 않고 있습니다. 필요성은 알면서도 구체적으로 어떻게 가르쳐야 할지 막막할 뿐만 아니라, 시중에서 관련 교재를 찾아보기도 힘들기 때문입니다. 어릴 때부터 경제관념을 제대로 심어 줄 수 있도록, 돈과 관련된 경제 학습을 시키면서 중요하게 생각해야 되는 몇 가지 Tip을 알려 드립니다.

Tip1

돈과 관련된 경제 학습을 해야 하는 이유는 무엇인가요?

어릴 때부터 돈과 관련된 경제 학습을 통하여 경제 교육을 받고 자란 아이는 성인이 되어 직업을 가지고 경제 활동을 할 때에도 바른 경제관념을 가지고 합리적으로 생활할 수 있습니다.

Tip2

아이들에게 경제관념을 심어 주는 방법에는 무엇이 있나요?

용돈을 스스로 관리하고, 돈을 쓴 내용을 스스로 적고, 계획적으로 저축하는 습관 등이 있습니다. 그러나 가장 중요한 것은 인내하는 습관을 길러 주는 것입니다. 즉 원하는 것을 얻기 위해선 그에 상응한 대가가 필요하다는 것을 일깨워 주는 것입니다.

Tip3

경제 학습은 언제부터 가능할까요?

경제 관련 교육 전문가들은 보통 동전과 지폐의 차이, 돈의 액수를 구분할 수 있는 4~5세부터 시작하면 좋다고들 이야기 합니다.

선진국의 조기 경제 교육, 대한민국 자녀들에게도 필요합니다!

선진국에서는 이미 성공적인 인생을 위해 가장 중요한 교육의 하나로 경제 교육에 중점을 두고 많은 투자를 하고 있습니다. 장기적인 경기 침체, 신용 불량자 및 실업자 증가 문제 등 다양한 경제 문제가 대두되고 있는 지금, 대한민국의 미래를 이끌어갈 어린이들의 경제 교육은 반드시 필요합니다.

"머니 수학"과 함께 어린 시절부터 올바른 경제관념을 확립하여 대한민국, 나아가 세계 경제를 이끌어갈 유능한 인재로 자라나길 바랍니다.

이 책의 구성과 특징

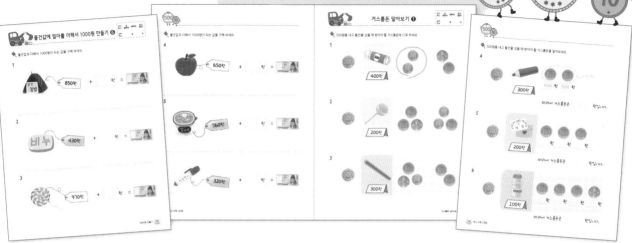

★ 본 학습

제목을 통해 이번 차시에서 학습해야 할 내용이 무엇인지 짚어 보고, 반복 학습을 통해 문제를 해결합니다.

★ 성취도 테스트

성취도 테스트는 본문에서 학습한 내용을 최종적으로 한번 더 확인해 보는 문제들로 구성되어 있습니다. 성취도 테스트를 풀어본 후, 본 교재를 어느 정도 습득했는지를 확인하여 다음 단계로 나아갈 수 있는 능력을 길렀는지의 여부를 판단하는 자료로 활용합니다.

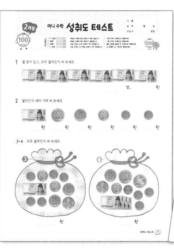

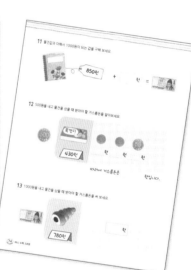

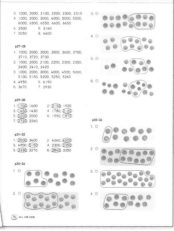

★ 정답

채점이 편리하도록 한눈에 보기 쉽게 정답을 모아 수록하였습니다.

예 가 표시된 정답은 제시된 것 외에도 여러 개의 답이 있을 수 있습니다.

차례
contents

같은 돈 세기 ❶

1000원짜리 같은 금액

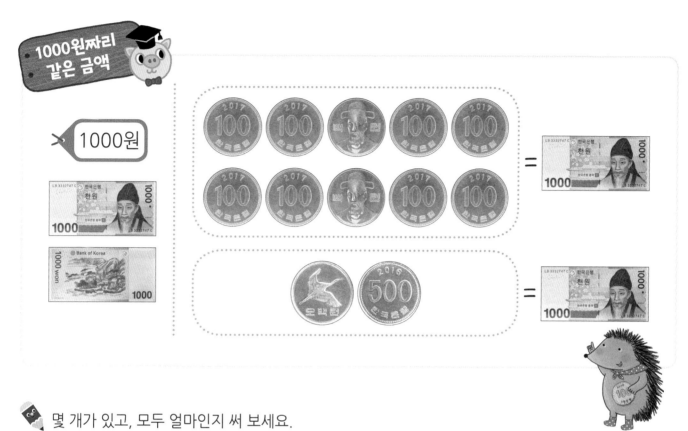

✏️ 몇 개가 있고, 모두 얼마인지 써 보세요.

1

6 개, 3000 원

2

___ 개, ___ 원

3

___ 개, ___ 원

몇 개가 있고, 모두 얼마인지 써 보세요.

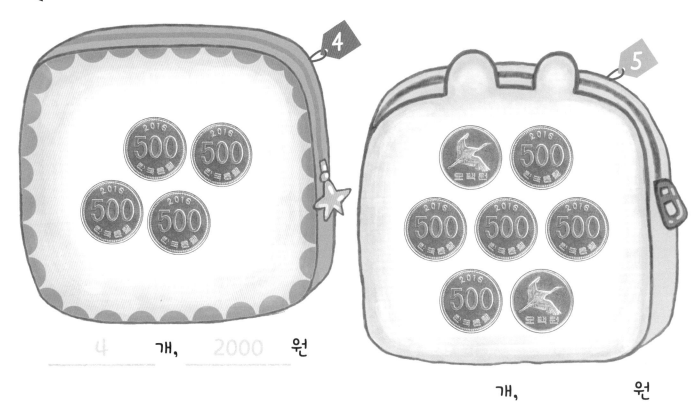

4   개,   2000   원

____ 개,   ____ 원

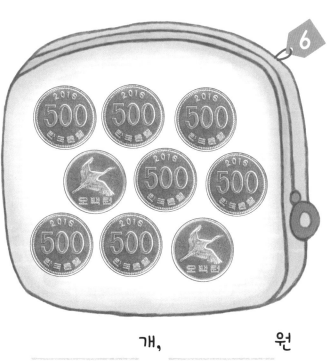

____ 개,   ____ 원

____ 개,   ____ 원

같은 돈 세기 ❷

 몇 장이 있고, 모두 얼마인지 써 보세요.

1

3 장, 3000 원

2

장, 원

5000원짜리는 3과정에서 더 자세히 다루기로 해요!

3

장, 원

4

장, 원

몇 장이 있고, 모두 얼마인지 써 보세요.

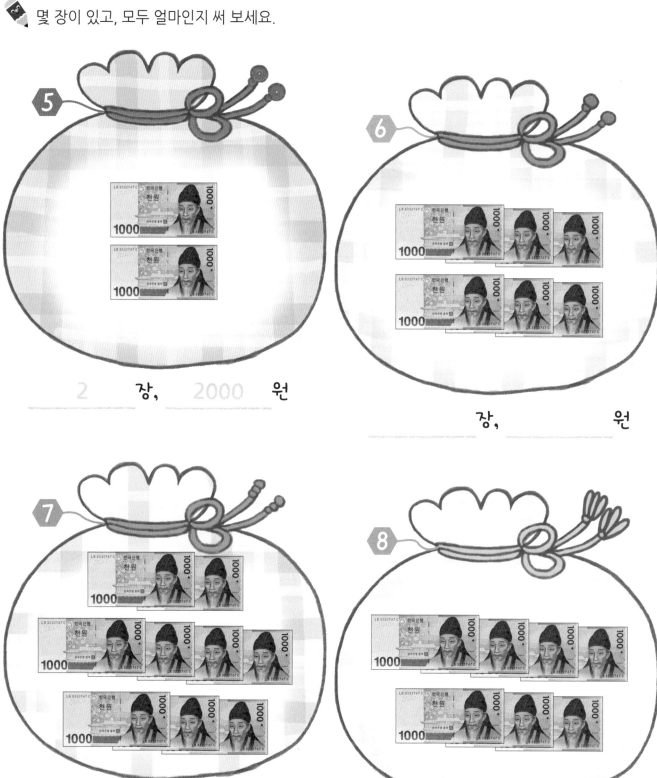

5 　　　2 　 장, 　2000 　 원

6 　　　　 장, 　　　　 원

7 　　　　 장, 　　　　 원

8 　　　　 장, 　　　　 원

섞인 돈 세기 ❶

 얼마인지 세어 가며 써 보세요.

1

1000 원   1100 원   1200 원

2

　원　　　　원　　　　원　　　　원　　　　원　　　　원

3

　원　　　　원　　　　원　　　　원

4

　원　　　　원　　　　원　　　　원　　　　원　　　　원

　원　　　　원　　　　원

모두 얼마인지 써 보세요.

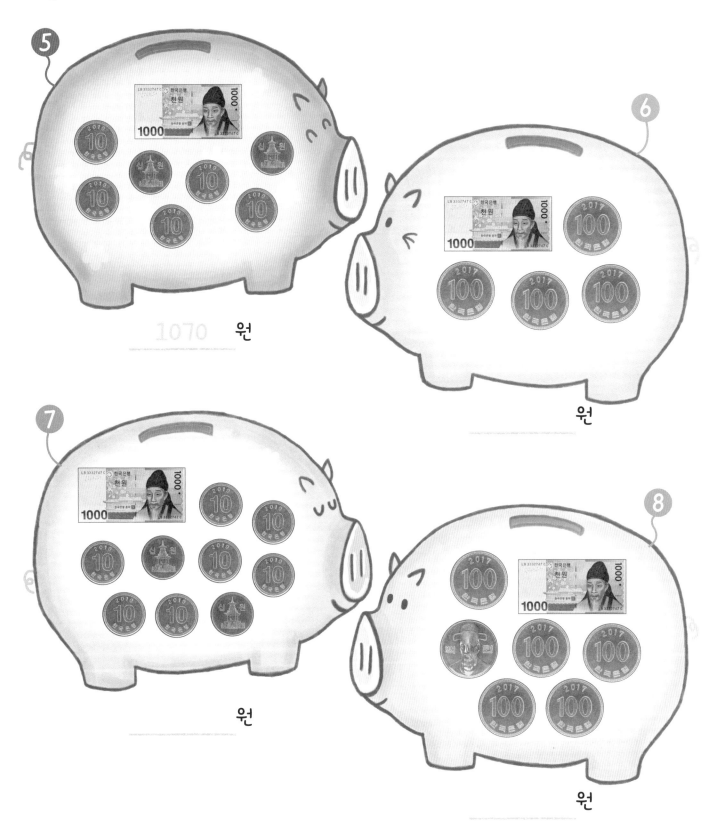

5   1070   원

6   원

7   원

8   원

엄마 확인 :	참 잘했어요	잘했어요	좀 더 열심히
공부 한날 :		월	일

✏️ 얼마인지 세어 가며 써 보세요.

1

원 　　 원 　　 원 　　 원 　　 원

2

원 　　 원 　　 원 　　 원

3

원 　　 원 　　 원 　　 원 　　 원 　　 원

4

원 　　 원 　　 원 　　 원 　　 원 　　 원

원 　　 원

모두 얼마인지 써 보세요.

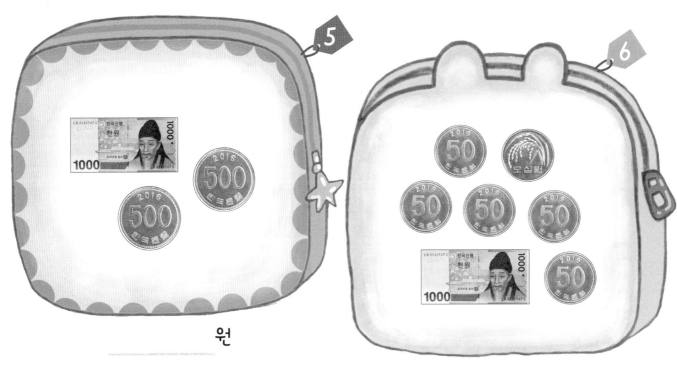

원

원

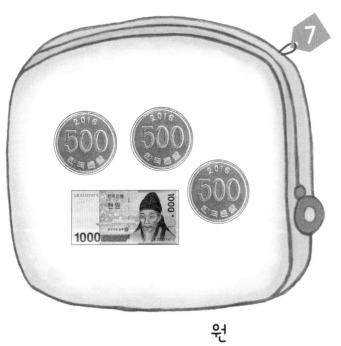

원

원

 얼마인지 세어 가며 써 보세요.

1

　　　　원　　　　　원　　　　　원　　　　　원

2

　　　원　　　　원　　　　원　　　　원　　　　원　　　　원

3

　　　원　　　　원　　　　원　　　　원　　　　원　　　　원

4

　　　원　　　　원　　　　원　　　　원　　　　원　　　　원

　　　원　　　　원　　　　원

모두 얼마인지 써 보세요.

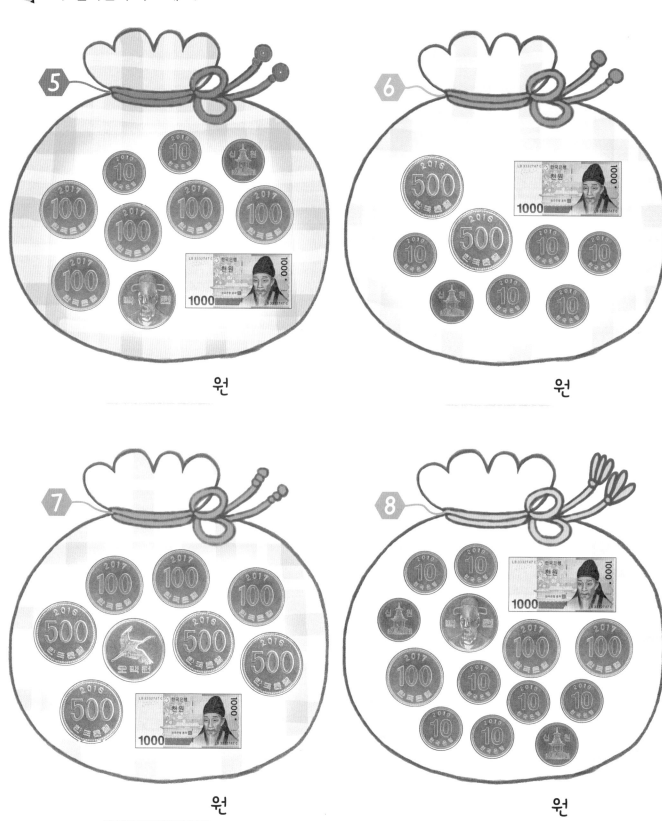

⑤ _____ 원

⑥ _____ 원

⑦ _____ 원

⑧ _____ 원

 얼마인지 세어 가며 써 보세요.

1

　원　　　　원　　　　원　　　　원　　　　원　　　　원

2

　원　　　　원　　　　원　　　　원　　　　원　　　　원

　원　　　　원　　　　원

3

　원　　　　원　　　　원　　　　원　　　　원　　　　원

4

　원　　　　원　　　　원　　　　원　　　　원　　　　원

모두 얼마인지 써 보세요.

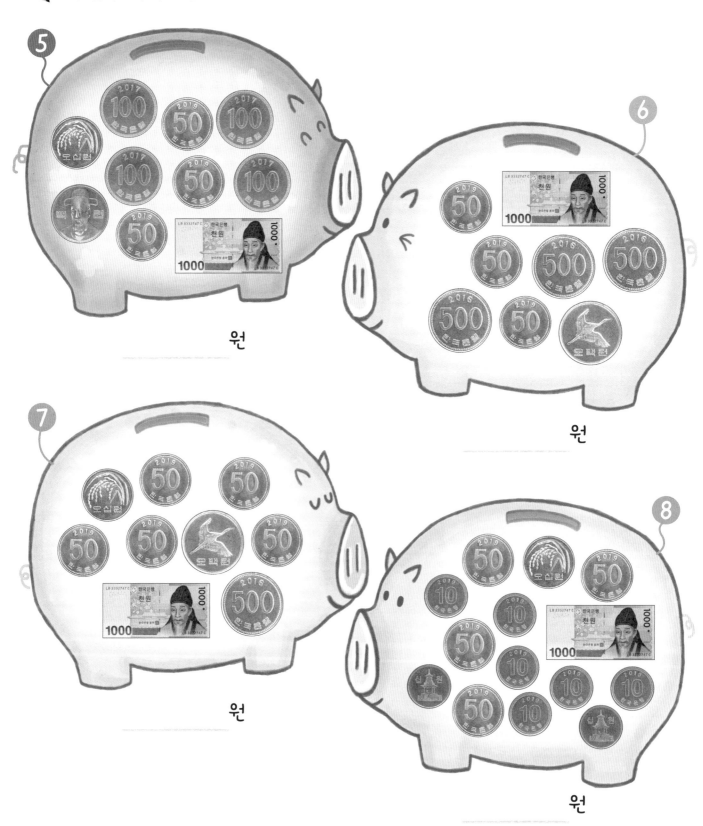

5 원

6 원

7 원

8 원

엄마
확인 : 참 잘했어요 / 잘했어요 / 좀 더 열심히

공부
한날 : 월 일

 얼마인지 세어 가며 써 보세요.

1

원　　　　원　　　　원　　　　원　　　　원

2

원　　　　원　　　　원　　　　원　　　　원　　　　원

3

원　　　　원　　　　원　　　　원　　　　원　　　　원

원　　　　원

4

원　　　　원　　　　원　　　　원　　　　원　　　　원

모두 얼마인지 써 보세요.

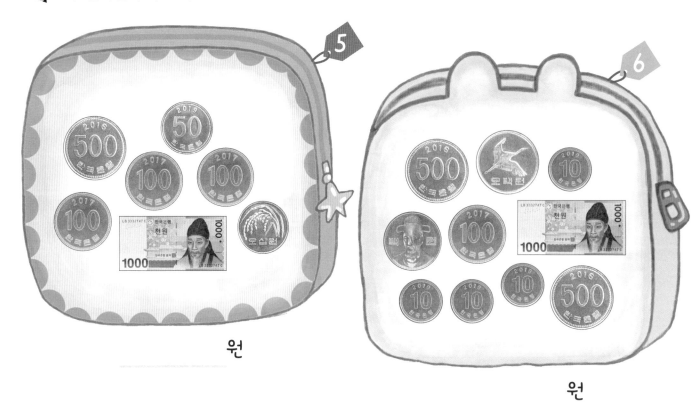

원

원

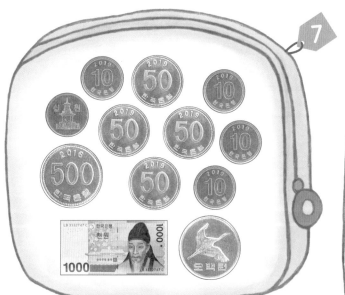

원

원

얼마인지 세어 가며 써 보세요.

1

　　원　　　　　원　　　　　원　　　　　원　　　　　원　　　　　원

2

　　원　　　　　원　　　　　원　　　　　원　　　　　원　　　　　원

3

　　원　　　　　원　　　　　원　　　　　원　　　　　원　　　　　원

　　원　　　　　원　　　　　원

4

　　원　　　　　원　　　　　원　　　　　원　　　　　원　　　　　원

모두 얼마인지 써 보세요.

5

원

6

원

7

원

8

원

엄마
확인 : 참 잘했어요 / 잘했어요 / 좀 더 열심히

공부
한날 : 월 일

 얼마인지 세어 가며 써 보세요.

1

　　원　　　　　원　　　　　원　　　　　원　　　　　원　　　　　원

2

　　원　　　　　원　　　　　원　　　　　원　　　　　원　　　　　원

3

　　원　　　　　원　　　　　원　　　　　원　　　　　원　　　　　원

4

　　원　　　　　원　　　　　원　　　　　원　　　　　원

　　원　　　　　원　　　　　원　　　　　원　　　　　원　　　　　원

모두 얼마인지 써 보세요.

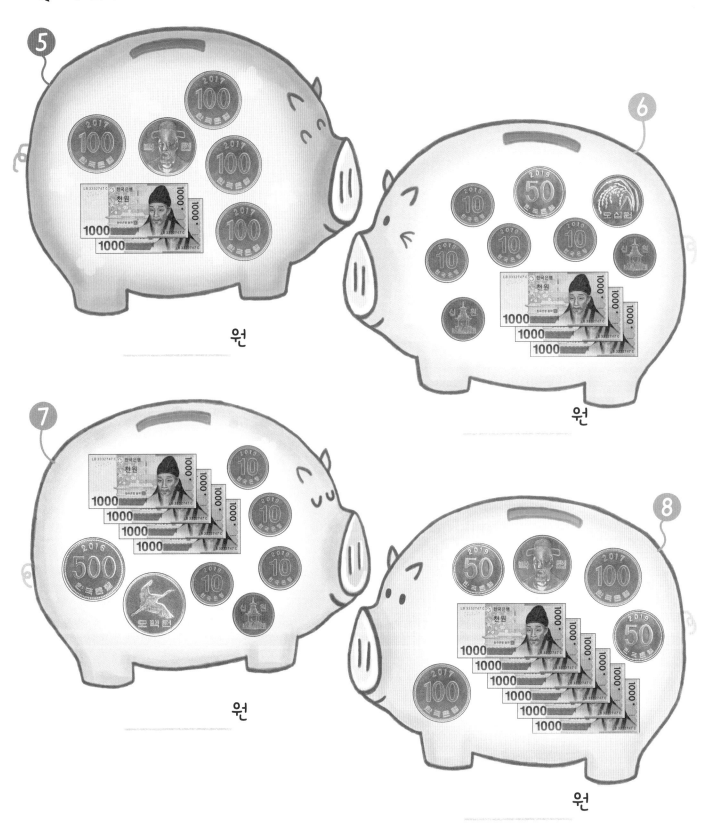

5 원

6 원

7 원

8 원

 얼마인지 세어 가며 써 보세요.

1

　　　원　　　　　원　　　　　원　　　　　원　　　　　원

　　　원　　　　　원　　　　　원　　　　　원

2

　　　원　　　　　원　　　　　원　　　　　원　　　　　원　　　　　원

　　　원　　　　　원　　　　　원

3

　　　원　　　　　원　　　　　원　　　　　원　　　　　원

　　　원　　　　　원　　　　　원　　　　　원　　　　　원　　　　　원

모두 얼마인지 써 보세요.

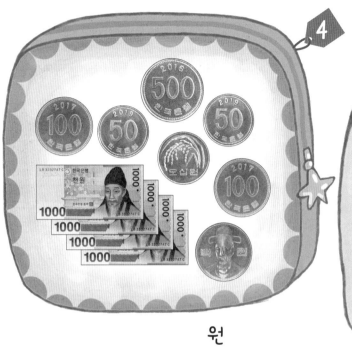

4

_____ 원

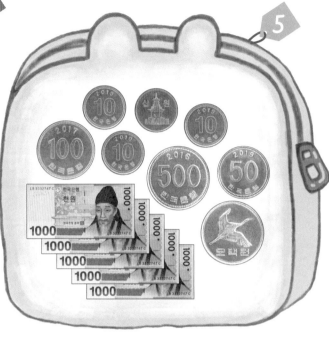

5

_____ 원

6

_____ 원

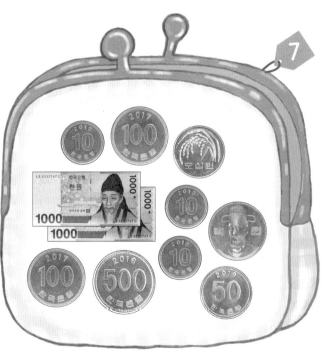

7

_____ 원

 각각 얼마인지 쓰고, 더 많은 쪽에 〇표 하세요.

1
   (1700) 원

      1600 원

2
   원

   원

3
   원

   원

4
   원

   원

각각 얼마인지 쓰고, 더 많은 쪽에 ○표 하세요.

5

2200 원

2000 원

6

원

원

7

원

원

금액 비교하기 ❷

 각각 얼마인지 쓰고, 더 많은 쪽에 ○표 하세요.

1

 _____ 원

_____ 원

2

 _____ 원

 _____ 원

3

 _____ 원

 _____ 원

각각 얼마인지 쓰고, 더 많은 쪽에 ○표 하세요.

4

원

원

5

원

원

6

원

원

동전으로 1000원 만들기 ❶

 500원이 되도록 묶어 보세요.

1

2

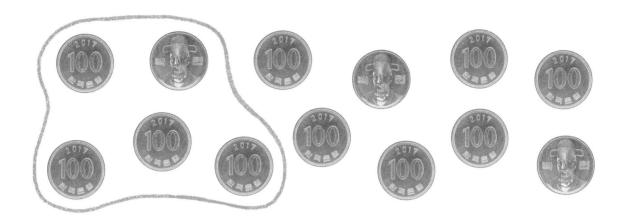

3

왼쪽 돈과 합해서 500원이 되도록 묶어 보세요.

4

5

6

 1000원이 되도록 묶어 보세요.

1

2

3

 1000원이 되도록 묶어 보세요.

4

5

6

동전으로 1000원 만들기 ❸

 왼쪽 돈과 합해서 1000원이 되도록 묶어 보세요.

1

2

3

왼쪽 돈과 합해서 1000원이 되도록 묶어 보세요.

4

5

6

동전으로 1000원 만들기 ❹

 왼쪽 돈과 합해서 1000원이 되도록 오른쪽에 동전을 그려 보세요.

1

2

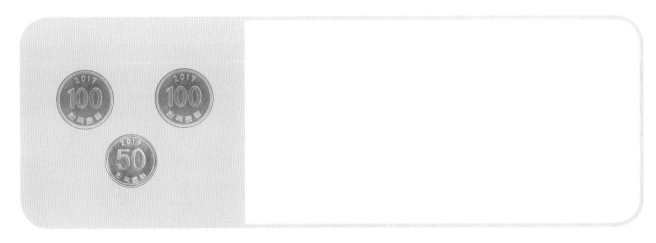

3

✎ 왼쪽 돈과 합해서 1000원이 되도록 오른쪽에 동전을 그려 보세요.

4

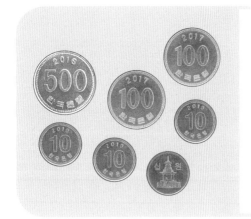

5

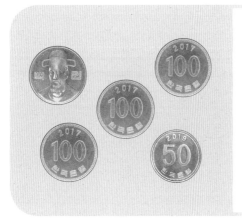

6

동전으로 1000원 만들기 ❺

엄마
확인 : 참
잘했어요 　 잘했어요 　 좀 더
열심히

공부
한날 : 　 월 　 일

 1000원인 것에 ○표 하세요.

1

2

3

 1000원인 것에 ○표, 아닌 것에 X표 하세요.

4

5

6

 1000원인 것에 ○표 하세요.

1

2

3

1000원인 것에 ○표, 아닌 것에 X표 하세요.

물건값에 얼마를 더해서 1000원 만들기 ❶

 물건값과 더해서 500원이 되는 것에 ○표 하세요.

1

2

3

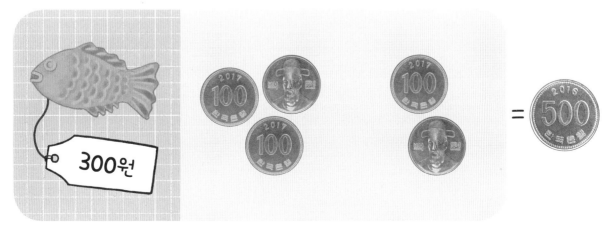

물건값과 더해서 500원이 되도록 동전을 그려 보세요.

4

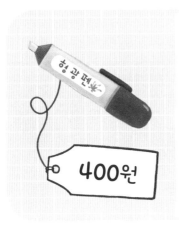

300원

= 500

5

400원

= 500

6

200원

= 500

 물건값과 더해서 500원이 되는 것에 ○표 하세요.

1

2

3

 물건값과 더해서 500원이 되도록 동전을 그려 보세요.

4

250원 =  500

5

460원

=  500

6

320원

=  500

 물건값과 더해서 1000원이 되는 것에 ○표 하세요.

1

2

3

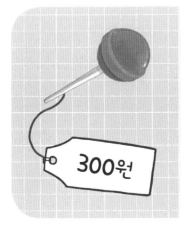

물건값과 더해서 1000원이 되도록 동전을 그려 보세요.

4

700원

5

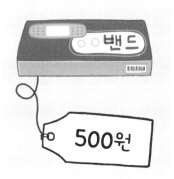

밴드

500원

6

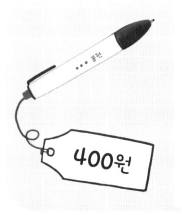

400원

물건값에 얼마를 더해서 1000원 만들기 ❹

 물건값과 더해서 1000원이 되는 것에 ○표 하세요.

1

2

3

물건값과 더해서 1000원이 되도록 동전을 그려 보세요.

4

치약

960원

$=$ 1000

5

우유

640원

$=$ 1000

6

490원

$=$ 1000

 물건값과 더해서 1000원이 되는 값을 구해 보세요.

1

2

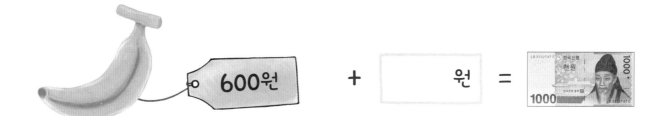

3

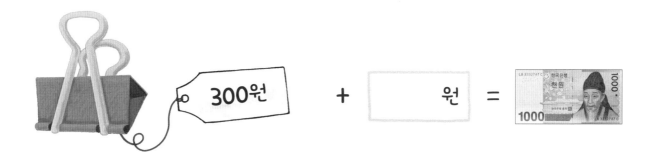

 물건값과 더해서 1000원이 되는 값을 구해 보세요.

4

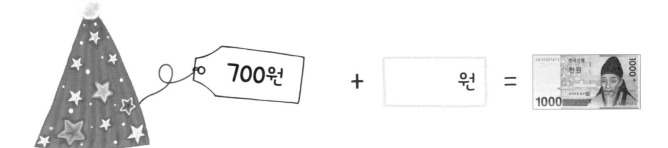

700원 + [   ] 원 = 1000

5

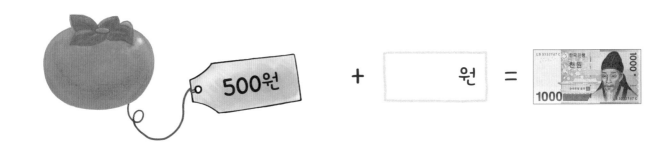

500원 + [   ] 원 = 1000

6

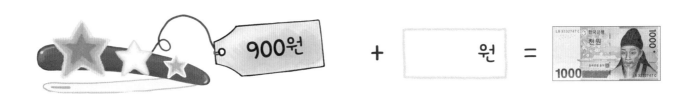

900원 + [   ] 원 = 1000

 물건값과 더해서 1000원이 되는 값을 구해 보세요.

1

2

3

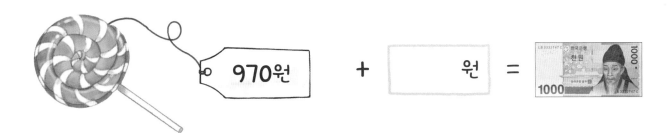

 물건값과 더해서 1000원이 되는 값을 구해 보세요.

4

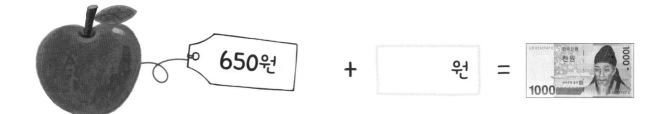

650원 + ☐ 원 = 1000

5

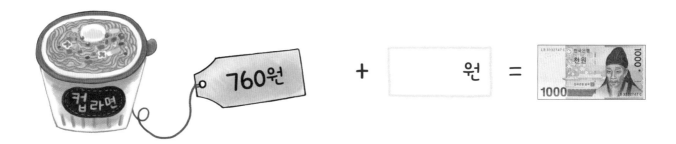

760원 + ☐ 원 = 1000

6

320원 + ☐ 원 = 1000

 500원을 내고 물건을 샀을 때 받아야 할 거스름돈에 ○표 하세요.

1

2

3

 500원을 내고 물건을 샀을 때 받아야 할 거스름돈을 알아보세요.

4

400 원   500 원

따라서 거스름돈은   200   원입니다.

5

원   원   원

따라서 거스름돈은   원입니다.

6

원   원   원   원

따라서 거스름돈은   원입니다.

거스름돈 알아보기 ❷

 500원을 내고 물건을 샀을 때 받아야 할 거스름돈에 ○표 하세요.

1

450원

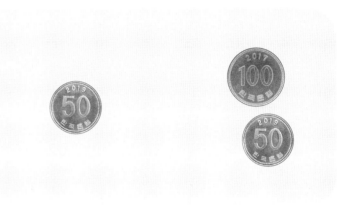

2

380원

3

240원

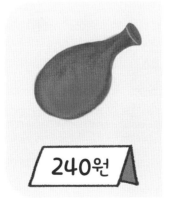

 500원을 내고 물건을 샀을 때 받아야 할 거스름돈을 알아보세요.

4

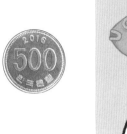  

250원

원   원   원

따라서 거스름돈은 _____ 원입니다.

5

380원

원   원   원

따라서 거스름돈은 _____ 원입니다.

6

440원

원   원

따라서 거스름돈은 _____ 원입니다.

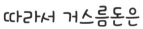

거스름돈 알아보기 ❸

 1000원을 내고 물건을 샀을 때 받아야 할 거스름돈에 ○표 하세요.

1

700원

2

800원

3

300원

1000원을 내고 물건을 샀을 때 받아야 할 거스름돈에 ○표 하세요.

4

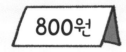

5

6

거스름돈 알아보기 ❹

 1000원을 내고 물건을 샀을 때 받아야 할 거스름돈을 알아보세요.

1

900원

1000 원

따라서 거스름돈은 　100　 원입니다.

2

600원

　　　원　　　원　　　원　　　원

따라서 거스름돈은 　　　　원입니다.

3

800원

　　　원　　　원

따라서 거스름돈은 　　　　원입니다.

 1000원을 내고 물건을 샀을 때 받아야 할 거스름돈을 알아보세요.

4

700원

원   원   원

따라서 거스름돈은　　　　　원입니다.

5

500원

원

따라서 거스름돈은　　　　　원입니다.

6

400원

원   원

따라서 거스름돈은　　　　　원입니다.

거스름돈 알아보기 ❺

 1000원을 내고 물건을 샀을 때 받아야 할 거스름돈에 ○표 하세요.

1

450원

2

880원

3

930원

 1000원을 내고 물건을 샀을 때 받아야 할 거스름돈에 ○표 하세요.

4

390원

5

750원

6

570원

거스름돈 알아보기 ❻

 1000원을 내고 물건을 샀을 때 받아야 할 거스름돈을 알아보세요.

1

340원

_____원   _____원   _____원   _____원

따라서 거스름돈은 _____원입니다.

2

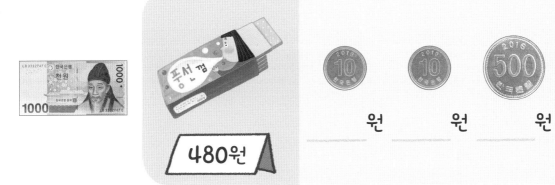

480원

_____원   _____원   _____원

따라서 거스름돈은 _____원입니다.

3

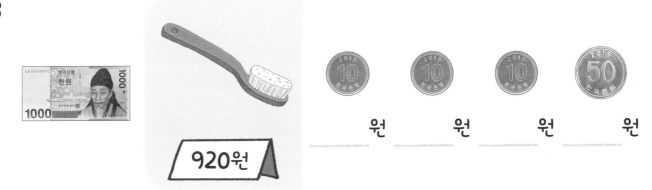

920원

_____원   _____원   _____원   _____원

따라서 거스름돈은 _____원입니다.

 1000원을 내고 물건을 샀을 때 받아야 할 거스름돈을 알아보세요.

4

960원

원   원   원   원

따라서 거스름돈은   원입니다.

5

830원

원   원   원   원

따라서 거스름돈은   원입니다.

6

690원

원   원   원   원

따라서 거스름돈은   원입니다.

거스름돈 알아보기 ❼

 1000원을 내고 물건을 샀을 때 받아야 할 거스름돈을 써 보세요.

1

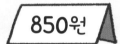
850원

900원 1000원
(50) (100)

150 원

2

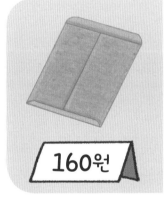

160원

원

3

240원

원

1000원을 내고 물건을 샀을 때 받아야 할 거스름돈을 써 보세요.

4

420원

| 원 |

5

770원

| 원 |

6

680원

| 원 |

2과정

머니 수학 **성취도 테스트**

이 름:
날 짜: 월 일
오답 수: 문항

오답 수		학습한 교재에 대한 성취도가 매우 높습니다.	➡ 다음 단계인 3과정으로 진행하세요.
☐ 0~1문항	A등급(매우 잘함)	학습한 교재에 대한 성취도가 매우 높습니다.	➡ 다음 단계인 3과정으로 진행하세요.
☐ 2문항	B등급(잘함)	학습한 교재에 대한 성취도가 충분합니다.	➡ 다음 단계인 3과정으로 진행하세요.
☐ 3문항	C등급(보통)	다음 단계로 나가는 능력이 약간 부족합니다.	➡ 틀린 부분을 복습한 후, 3과정으로 진행하세요.
☐ 4~문항	D등급(부족)	다음 단계로 나가기에는 능력이 아주 부족합니다.	➡ 본 교재를 다시 구입하여 복습하세요.

1 몇 장이 있고, 모두 얼마인지 써 보세요.

장, 원

2 얼마인지 세어 가며 써 보세요.

원 원 원 원 원 원

3~4 모두 얼마인지 써 보세요.

3 원

4 원

5 각각 얼마인지 쓰고, 더 많은 쪽에 ○표 하세요.

원   원

6 왼쪽 돈과 합해서 1000원이 되도록 묶어 보세요.

7 왼쪽 돈과 합해서 1000원이 되도록 오른쪽에 동전을 그려 보세요.

8 1000원인 것에 ○표 하세요.

9 물건값과 더해서 1000원이 되는 것에 ○표 하세요.

10 물건값과 더해서 1000원이 되도록 동전을 그려 보세요.

11 물건값과 더해서 1000원이 되는 값을 구해 보세요.

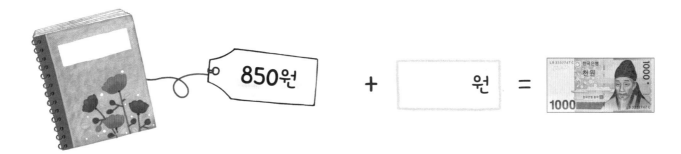

850원 + [ ]원 = 1000

12 500원을 내고 물건을 샀을 때 받아야 할 거스름돈을 알아보세요.

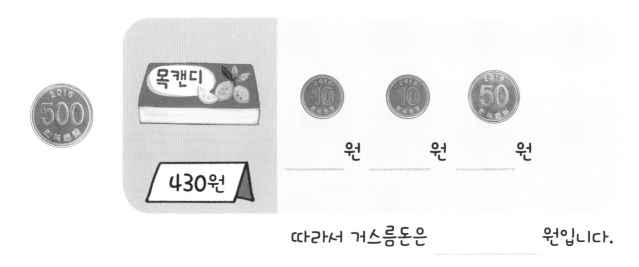

목캔디
430원

_____ 원   _____ 원   _____ 원

따라서 거스름돈은 _____ 원입니다.

13 1000원을 내고 물건을 샀을 때 받아야 할 거스름돈을 써 보세요.

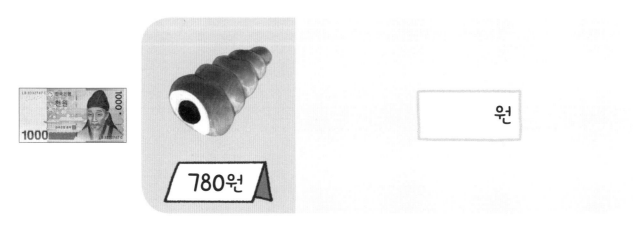

780원

[ ]원

p9~10

1. 6, 3000
2. 3, 1500
3. 8, 4000
4. 4, 2000
5. 7, 3500
6. 9, 4500
7. 5, 2500

p11~12

1. 3, 3000
2. 5, 5000
3. 4, 4000
4. 8, 8000
5. 2, 2000
6. 6, 6000
7. 9, 9000
8. 7, 7000

p13~14

1. 1000, 1100, 1200
2. 1000, 1010, 1020, 1030, 1040, 1050
3. 1000, 1010, 1020, 1030
4. 1000, 1100, 1200, 1300, 1400, 1500, 1600, 1700, 1800
5. 1070
6. 1400
7. 1090
8. 1600

p15~16

1. 1000, 1500, 2000, 2500, 3000
2. 1000, 1050, 1100, 1150
3. 1000, 1500, 2000, 2500, 3000, 3500
4. 1000, 1050, 1100, 1150, 1200, 1250, 1300, 1350
5. 2000
6. 1300
7. 2500
8. 1400

p17~18

1. 1000, 1500, 1600, 1700
2. 1000, 1100, 1200, 1300, 1310, 1320
3. 1000, 1500, 2000, 2500, 2600, 2700

p19~20

4. 1000, 1500, 2000, 2010, 2020, 2030, 2040, 2050, 2060
5. 1630
6. 2060
7. 3800
8. 1490

p19~20

1. 1000, 1500, 2000, 2500, 2550, 2600
2. 1000, 1100, 1200, 1300, 1350, 1400, 1450, 1500, 1550
3. 1000, 1050, 1100, 1150, 1160, 1170
4. 1000, 1100, 1200, 1300, 1400, 1450
5. 1700
6. 3150
7. 2300
8. 1330

p21~22

1. 1000, 1500, 2000, 2100, 2150
2. 1000, 1500, 1600, 1610, 1620, 1630
3. 1000, 1500, 2000, 2500, 2550, 2600, 2650, 2660
4. 1000, 1100, 1200, 1250, 1260, 1270
5. 1900
6. 2740
7. 2250
8. 1570

p23~24

1. 1000, 1500, 1600, 1650, 1660, 1670
2. 1000, 1500, 1600, 1650, 1700, 1710
3. 1000, 1500, 2000, 2500, 2600, 2700, 2750, 2760, 2770
4. 1000, 1500, 1600, 1700, 1750, 1760
5. 1830
6. 2300
7. 2290
8. 2870

p25~26

1. 1000, 2000, 2500, 3000, 3500, 4000
2. 1000, 2000, 3000, 3500, 3600, 3700

3. 1000, 2000, 2100, 2200, 2300, 2310
4. 1000, 2000, 3000, 4000, 5000, 5500,
   6000, 6500, 6550, 6600, 6650
5. 2500   6. 3160
7. 5050   8. 6400

p27~28

1. 1000, 2000, 3000, 3500, 3600, 3700,
   3710, 3720, 3730
2. 1000, 2000, 2100, 2200, 2300, 2350,
   2400, 2410, 2420
3. 1000, 2000, 3000, 4000, 4500, 5000,
   5100, 5150, 5200, 5250, 5260
4. 4950   5. 6190
6. 3670   7. 2930

p29~30

1. ⑴700, 1600   2. ②150, 1920
3. ⑴450, 1430   4. 1780, ②120
5. ②200, 2000   6. 1550, ①870
7. ②720, 2260

p31~32

1. ③500, 3400   2. 4360, ④500
3. 4900, ⑤150   4. 2300, ②350
5. ③330, 3270   6. ③840, 3350

p33~34

1. 예

2. 예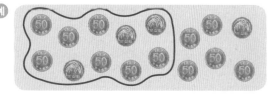

3. 예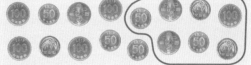

4. 예

5. 예

6. 예

p35~36

1. 예

2. 예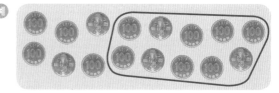

3. 예

4. 예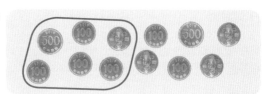

5. 예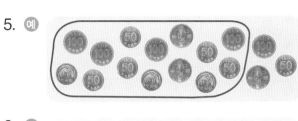

6. 예

p39~40

1. 예 (100) (100) (500)

2. 예 (50) (100) (100) (500)

3. 예 (50) (100) (100) (100) (100)

4. 예 (10) (50) (100) (100)

5. 예 (50) (500)

6. 예 (10) (10) (10) (100) (100) (100)

p37~38

1. 예

2. 예

3. 예

4. 예

5. 예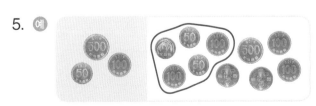

6. 예

p41~42

1.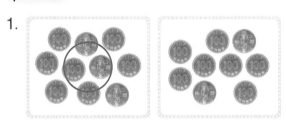

2.

3.

4. ✕   **5.** ◯   **6.** ◯

p43~44

1.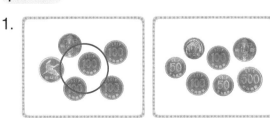

2.
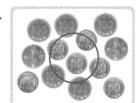 

3.

4. ✕ 5. ◯ 6. ◯ 7. ◯

p45~46

1.

2.

3.

4. 예 ⟨100⟩ ⟨100⟩

5. 예 ⟨100⟩

6. 예 ⟨100⟩ ⟨100⟩ ⟨100⟩

p47~48

1.

2.
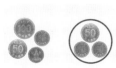

3.
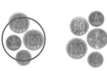

4. 예 ⟨50⟩ ⟨100⟩ ⟨100⟩

5. 예 ⟨10⟩ ⟨10⟩ ⟨10⟩ ⟨10⟩

6. 예 ⟨10⟩ ⟨10⟩ ⟨10⟩ ⟨50⟩ ⟨100⟩

p49~50

1.

2.

3.

4. 예 ⟨100⟩ ⟨100⟩ ⟨100⟩

5. 예 ⟨500⟩

6. 예 ⟨100⟩ ⟨500⟩

p51~52

1.

2.

3.

4. 예 ⑩ ⑩ ⑩ ⑩

5. 예 ⑩ ㊿ ⑩⓪ ⑩⓪ ⑩⓪

6. 예 ⑩ ⑤⓪⓪

p53~54

1. 200 2. 400
3. 700 4. 300
5. 500 6. 100

p55~56

1. 150 2. 570
3. 30   4. 350
5. 240 6. 680

p57~58

1.

2.

3.

4. 400, 500 / 200
5. 300, 400, 500 / 300
6. 200, 300, 400, 500 / 400

p59~60

1.

2.

3.

4. 300, 400, 500 / 250
5. 390, 400, 500 / 120
6. 450, 500 / 60

p61~62

1.

2.

3.

4.

5.

6.

p63~64

1. 1000 / 100
2. 700, 800, 900, 1000 / 400

3. 900, 1000 / 200
4. 800, 900, 1000 / 300
5. 1000 / 500
6. 500, 1000 / 600

p65~66

1.

2.

3.

4.

5.

6.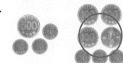

p67~68

1. 350, 400, 500, 1000 / 660
2. 490, 500, 1000 / 520
3. 930, 940, 950, 1000 / 80
4. 970, 980, 990, 1000 / 40
5. 840, 850, 900, 1000 / 170
6. 700, 800, 900, 1000 / 310

p69~70

1. 150   2. 840
3. 760   4. 580
5. 230   6. 320

성취도 테스트

1. 6, 6000
2. 1000, 1500, 1600, 1650, 1660, 1670
3. 1450
4. 4290
5. 2500, 2440
6. 예

7. 예

8.

9.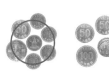

10. 예 (10) (50) (100) (100) (100)

11. 150
12. 440, 450, 500 / 70
13. 220